小小牛顿 科学启蒙 —大百科—

小雷游车河

牛顿出版股份有限公司 / 编著

U0166289

宝贵的 地球家园

外语教学与研究出版社
北京

小雷游车河

大家好，我是智能电动车小雷，今天是我第一次上路行驶。我想认识一下马路上的汽车。你也想认识它们吗？那就快跟我来吧！

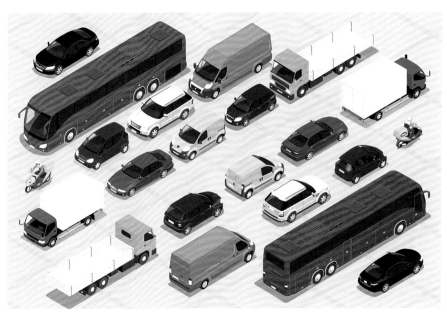

马路上除了小汽车、大货车，还有什么类型的汽车？你能说一说吗？

载人的汽车

我发现马路上最常见的是小轿车和大客车。这些汽车和我一样，都可以载人！

小轿车

小轿车的车身虽然小——通常只能载五个人，但是它的速度很快，停车也很方便。

我也只能载五个人！

出租车

常见的出租车多为小轿车，根据行驶的时间和距离等因素向乘客收取费用。出租车招手即停，可以将乘客精准地送到乘客指定的地点。

大客车

大客车车身很大，载客量
可达数十人，所以也被用
来当作公共汽车。公共汽
车里面会设置许多座位、
拉环和扶手，让乘客可以
乘坐或站立。

校车

许多学校会提供校车，专门接
送小朋友上下学，或者去校外
参加活动。与公共汽车一样，
校车通常也有几十个座位。

载货的汽车

　　除了载人的汽车，我还在马路上看到了许多载货的汽车。这些货车比我大多了，车头的后面有车厢、车斗或长长的货柜，可以装下很多货物。

集装箱卡车

集装箱卡车又叫货柜车，车头后面是长长的货柜，是货车家族中的巨无霸。

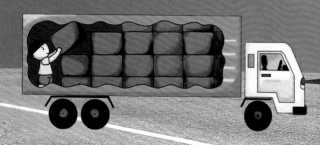

哇！集装箱卡车的货柜真大，能装下好几个我。

小货车

小货车可以分为翻斗式、厢式等不同类型，可用于日常搬家或快递运输等小批量货物运输。

冷冻装置

冷冻车

冷冻车是专门运送生鲜食品的货车。

车头后面的货柜是个大冰箱，可以让

食物在低温的状态下保持新鲜。

工程车和特种车辆

有些汽车既不载客也不运输货物，而是身负特别的任务，如垃圾车可以帮助我们清运垃圾，让城市保持干净；工程车可以帮助我们造桥铺路、盖起高楼大厦。

垃圾车

垃圾车的车厢就像一张大嘴，里面还有一个机器，可以把吃进去的垃圾压扁，好腾出空间装运更多垃圾。

混凝土搅拌输送车

混凝土搅拌输送车负责运送混凝土拌和料。在运输过程中，搅拌筒不断地低速旋转，对混凝土进行拌动，防止混凝土拌和料凝固。

自卸车

自卸车的车斗可以载运东西，也可以抬高，将东西卸在地上。

这些有特殊任务的车可真酷！

救火的消防车

火灾发生时，消防车会拉响警笛，迅速赶来灭火，救护车也会赶来帮助救治伤员。有的消防车可以直接喷水灭火，也可以升起云梯，让消防员登上高楼灭火、救人。

有的消防车装了很多水，车里的水泵还可以给水加压，让水柱喷到很高的地方去灭火。

消防车的云梯可以升得很高，
方便消防员进入高楼救人，扑
灭高楼里的大火。

救护车会将伤者迅速送往医院。
每辆救护车都配有随行的医护人
员和专业的医疗设备。

汽车的发动机

经过这几天的观察，我发现虽然马路上的车辆种类很多，但不管是什么汽车，只要是以燃油为燃料的，车的内部都有发动机，而且都需要发动机提供动力才能前进。另外，所有非智能汽车都需要方向盘控制方向，才能在马路上灵活自如地行驶。

发动机让车辆行进

使用燃油的汽车，油料和空气会在发动机内部点火燃烧，高温高压的气体随即产生推力。这股力量推动发动机运转起来，带动轮胎转动，汽车就可以前进或者后退了。

油门

发动机　　　传动轴

轮胎

方向盘控制车辆的行驶方向

方向盘是通过一连串的装置与车辆的轮胎连在一起的，所以转动方向盘时，就会带动轮胎一起转动，车辆的行驶方向就改变了。

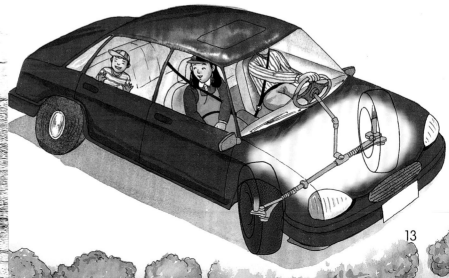

13

驾驶汽车得手、眼、脚并用

开车并不容易，驾驶员除了要用手操作方向盘和变速杆，还要用脚去控制油门和刹车。驾驶员的眼睛还必须随时留意路况和其他车辆，才不会发生危险。

后视镜

后视镜

方向盘

开车必须专心才能确保安全，
所以爸爸妈妈开车时，小朋友
千万不可以吵闹！

变速杆
控制汽车的动力，
改变行车的速度。

变速杆

后视镜
汽车的后视镜共有三面，车内
的前挡风玻璃上方有一面。车
外的左右两侧，即正副驾驶位
车门处也各有一面。有了后视
镜，驾驶员能比较清楚地看到
车辆正后方和侧后方的路况。

后视镜

后视镜

油门踏板

刹车踏板

踏板
左边是刹车踏板，右
边是油门踏板。踩不
同的踏板可以让车辆
停止或前进。

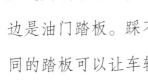

智能汽车可实现辅助驾驶或自动驾驶

　　接下来该介绍一下我自己了。我是最聪明的智能汽车，在普通汽车的基础上增加了先进的传感器、控制器、执行器、导航设备等装置，通过车载传感系统和信息终端实现人与人、车、路等的智能信息交换，可按照人的意愿辅助或自动到达目的地，最终实现完全替代人驾驶。

科技发展到一定程度后，将有越来越多的智能汽车可实现完全替代人驾驶。

我很遵守交通规则，
绝对不会闯红灯。

智能汽车可以监测车辆前后左右的路况，保持安全车
距，还能监测交通信号。如果前方是红灯，车辆就会自
动停下来。

不会排放废气的电动车

未来大家驾车出行，无论长途还是短途，休闲还是商务，我都能带大家安全抵达。更重要的是，我不需要加油，只需要充电，所以我不会排放废气污染环境！

使用汽油、柴油等化石燃料的车辆，发动机在工作的时候会排放废气，污染环境。

大家上车吧，
准备出发！

小雷不会冒黑烟，
我最喜欢小雷了。

电动车是靠电力行驶的车辆，车内装有电池，电池的电力快要用完的时候，就需要去充电站或使用路边的充电桩充电。

19

颠倒歌

稀奇稀奇真稀奇，
狗儿偷吃鱼，
水牛爬到树上去。
猫儿跌进水缸里，
树上鱼儿笑嘻嘻。

不倒熊

做法：

1. 把长条状的厚纸板弯过去，用胶带固定，做成圆环状，当作熊的身体。

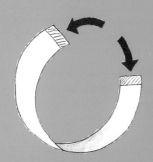

2. 在被胶带粘住的地方钻一个洞，把竹筷插进洞里，用胶带把竹筷固定在圆环的另一边。

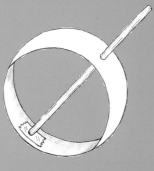

3. 将筷子头用一团黏土球裹住。

4. 在厚纸板上画出熊的头和身体，将其剪下来，再分别粘在竹筷和圆环上，就完成了。

给父母的悄悄话：

　　不倒熊不会倒，是因为身体底部放了重物——黏土球。黏土球使不倒熊的重心降低，稳定性提高。重物越重，不倒熊倒了后立起来的速度就越快，摆动的速度也就越快。当我们将黏土球的位置升高时，不倒熊的重心也随之升高，重心升高到一定程度时，不倒熊就立不起来了。

试试看：

1. 如果换成大一些的黏土球，不倒熊会更不容易倒吗？

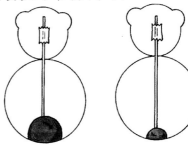

2. 如果把黏土球往上移，不倒熊倒下之后还能再立起来吗？

大象

"宝宝，小东西要用鼻子前端凸起的地方夹住，学会了吗？"

大象的鼻子很灵活，可以做很多事情。象宝宝一出生，就要学习怎么使用长鼻子。

大象可以用长鼻子卷起青草放进嘴里。

象鼻子可以伸得很长，这样大象就可以摘到高处的叶子和果实。

大象喝水时，也是先用鼻子把水吸起来，再放进嘴里。

大象的长鼻子还特别有力气，就连又粗又重的大木头都搬得动。

25

"妈妈，好热啊！"

"来，我们一起洗个澡吧！"

大象很怕热，天气炎热的时候喜欢泡在水里。这时，它的长鼻子可以像花洒一样喷水。大象潜水时，长鼻子还可以伸出水面，用来呼吸。

"妈妈，有虫子咬我，好痒啊！"

"像妈妈一样，用鼻子卷一些泥土撒在痒的地方，就可以把虫子赶走了。"

大象身上痒时，除了向身上撒泥土，还会用鼻子卷起树枝在身上拍拍打打。

要是还有用树枝拍打不到的地方，它就会靠在树干上蹭来蹭去来止痒。

给父母的悄悄话：

　　大象外貌上最大的特征就是它的长鼻子。大象体形硕大，四肢不如其他动物灵活，因此凡事都要靠鼻子来帮忙。它的长鼻子由上万块肌肉组成，却没有一根骨头，不但力气大而且非常灵活，粗活细活都能干。父母带孩子到动物园游玩时，别忘了仔细观察，大象用它的长鼻子做了些什么。

约会

放学了，松鼠和兔子约好，下午三点半一起去公园玩。

森林幼儿园

三点半见！

下午三点半，兔子站在家门口等着与松鼠会合后一起出发，可这个时候，松鼠已经急匆匆地赶到公园去了。它从三点就开始等兔子了。

明明约好了啊，松鼠怎么还没来？

兔子左等右等都没有见到松鼠，就失望地回家了。听说了事情的经过，兔爸爸笑着说："约会要讲清楚地点。如果不说好在哪里见面，你当然见不到松鼠啦！"

32

第二天，松鼠和兔子都记住了，约会的时候不能只说时间不约地点。这一次，它们还是约在了下午三点半，在离幼儿园门口最近的大树下见面，然后一起去幼儿园打球。

小朋友，你知道松鼠为什么没出现吗？

34

又到了下午三点半，松鼠和兔子还是没有见到彼此。于是，它们一个从前门绕到了后门，另一个从后门绕到了前门——仍然谁也没碰上谁。

一直等不到对方的松鼠和兔子都决定到幼儿园里去找找看。幸运的是，它们终于在秋千下相遇了。它们决定以后就约在这个秋千下见面，这样就不会再错过了。

给父母的悄悄话：

　　误会的产生很多时候是因为大家没有把事情说清楚。父母可以像这个故事一样为孩子模拟一个场景或事件，引导孩子清楚、明确、全面地表述自己的观点和意图。另外，父母还可以鼓励孩子在沟通时互换角色，这样也可以引导孩子学会换位思考，提升同理心。

螃蟹有几条腿

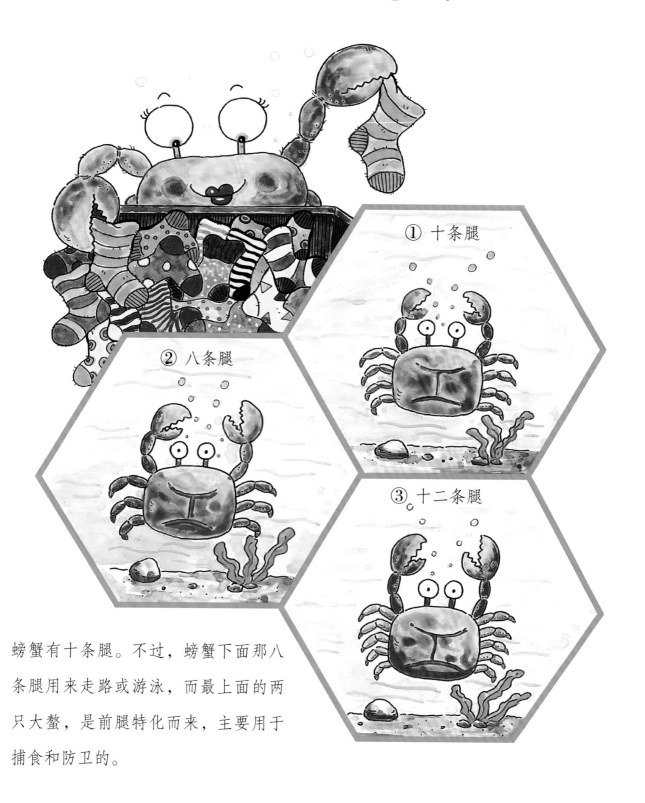

① 十条腿

② 八条腿

③ 十二条腿

螃蟹有十条腿。不过，螃蟹下面那八条腿用来走路或游泳，而最上面的两只大螯，是前腿特化而来，主要用于捕食和防卫的。

害羞的小公鸡

"喔喔喔，起床喽！"

每天早晨，天刚蒙蒙亮的时候，大公鸡都会用好听又响亮的声音叫醒整座农场里的动物。

有一天，大公鸡对小公鸡说："孩子们，你们都已经长大了，也该学习打鸣了。来，我们一起练习一下吧！"

于是，小公鸡们跟着大公鸡飞到屋顶上，开始一个接一个练习打鸣。

　　轮到小公鸡耀耀的时候，它站到屋脊上往下一看，吓得惊叫起来："哎哟，怎么大家都盯着我看呢？"害羞的耀耀一下子就脸红了。

　　大公鸡说："来，我先示范一次，仔细听好！"

　　"喔喔喔，起床喽！"

　　"喔喔喔，起床喽！"耀耀认真地学着大公鸡的样子。

　　可是，耀耀打鸣的声音实在太小了，就像蚊子叫，其他的小公鸡听了，都忍不住大笑起来。

大公鸡生气地说："耀耀，大声一点！"

耀耀看到大公鸡生气了，吓得发不出任何声音，眼泪都快掉下来了。

鸡妈妈赶忙安慰道："乖孩子，别怕！不用太在意别人的眼光。来，大声地叫出来，妈妈会在旁边帮你加油的！"

鹅妈妈也说："对呀，乖孩子，你看，只要用力鼓动翅膀，把脖子伸得长长的，一定可以叫得响亮！"

　　农场里的其他动物也纷纷鼓励它："对呀，再多练习几次，一定能学会的。"

虽然大家都在鼓励耀耀，但它实在太害羞了，就是不敢在大家面前练习。

终于，耀耀想到一个办法："对了！我可以趁大家睡觉的时候偷偷练习。"

于是，每天晚上等大家都睡着后，小公鸡耀耀就偷偷溜到农场旁的树林里，一次又一次地练习打鸣：

"喔、喔喔，起、起床了！"

"喔、喔喔喔，起、起床！"

　　一天夜里，耀耀正准备出去练习。突然，它听到了一阵窸窸窣窣的奇怪声音。它往窗子外面一看——不得了了！原来是一只狐狸想要溜进农场！小公鸡耀耀赶快飞上屋顶，大声叫了起来：

　　"喔喔喔，狐狸来了！喔喔喔，大家快醒醒呀！喔喔喔，主人快来呀！"

耀耀这么一叫，农场
里的动物们都醒了过来，
农场主人也醒了，大家齐
心协力赶走了狐狸。

"谢谢你，耀耀！"

"耀耀，你终于学会打鸣了，而且叫得又响亮又好听！"
听到大家的赞美，小公鸡耀耀又脸红了，它的脸比它头上的
鸡冠还要红呢！